国家出版基金项目
NATIONAL PUBLICATION FOUNDATION

记住乡愁
——留给孩子们的中国民俗文化

刘魁立◎主编

第八辑　传统营造辑

侗族鼓楼

刘芳羽◎编著

本辑主编　刘托

黑龙江少年儿童出版社

U0302005

编委会

序

　　亲爱的小读者们，身为中国人，你们了解中华民族的民俗文化吗？如果有所了解的话，你们又了解多少呢？

　　或许，你们认为熟知那些过去的事情是大人们的事，我们小孩儿不容易弄懂，也没必要弄懂那些事情。

　　其实，传统民俗文化的内涵极为丰富，它既不神秘也不深奥，与每个人的关系十分密切，它随时随地围绕在我们身边，贯穿于整个人生的每一天。

　　中华民族有很多传统节日，每逢节日都有一些传统民俗文化活动，比如端午节吃粽子，听大人们讲屈原为国为民愤投汨罗江的故事；八月中秋望着圆圆的明月，遐想嫦娥奔月、吴刚伐桂的传说，等等。

　　我国是一个统一的多民族国家，有 56 个民族，每个民族都有丰富多彩的文化和风俗习惯，这些不同民族的民俗文化共同构筑了中国民俗文化。或许你们听说过藏族长篇史诗《格萨尔王传》

中格萨尔王的英雄气概、蒙古族智慧的化身——巴拉根仓的机智与诙谐、维吾尔族世界闻名的智者——阿凡提的睿智与幽默、壮族歌仙刘三姐的聪慧机敏与歌如泉涌……如果这些你们都有所了解，那就说明你们已经走进了中华民族传统民俗文化的王国。

你们也许看过京剧、木偶戏、皮影戏，看过踩高跷、耍龙灯，欣赏过威风锣鼓，这些都是我们中华民族为世界贡献的艺术珍品。你们或许也欣赏过中国古琴演奏，那是中华文化中的瑰宝。1977年9月5日美国发射的"旅行者1号"探测器上所载的向外太空传达人类声音的金光盘上面，就录制了我国古琴大师管平湖演奏的中国古琴名曲——《流水》。

北京天安门东西两侧设有太庙和社稷坛，那是旧时皇帝举行仪式祭祀祖先和祭祀谷神及土地的地方。另外，在北京城的南北东西四个方位建有天坛、地坛、日坛和月坛，这些地方曾经是皇帝率领百官祭拜天、地、日、月的神圣场所。这些仪式活动说明，我们中国人自古就认为自己是自然的组成部分，因而崇信自然、融入自然，与自然和谐相处。

如今民间仍保存的奉祀关公和妈祖的习俗，则体现了中国人崇尚仁义礼智信、进行自我道德教育的意愿，表达了祈望平安顺达和扶危救困的诉求。

小读者们，你们养过蚕宝宝吗？原产于中国的蚕，真称得上伟大的小生物。蚕宝宝的一生从芝麻粒儿大小的蚕卵算起，中间经历蚁蚕、蚕宝宝、结茧吐丝等过程，到破茧成蛾结束，总共四十余天，却能为我们贡献约一千米长的蚕丝。我国历史悠久的养蚕、丝绸织绣技术自西汉"丝绸之路"诞生那天起就成为东方文明的传播者和象征，为促进人类文明的发展做出了不可磨灭的贡献！

小读者们，你们到过烧造瓷器的窑口，见过工匠师傅们拉坯、上釉、烧窑吗？中国是瓷器的故乡，我们的陶瓷技艺同样为人类文明的发展做出了巨大贡献！中国的英文国名"China"，就是由英文"china"（瓷器）一词转义而来的。

中国的历法、二十四节气、珠算、中医知识体系，都是中华民族传统文化宝库中的珍品。

让我们深感骄傲的中国传统民俗文化博大精深、丰富多彩，课本中的内容是难以囊括的。每向这个领域多迈进一步，你们对历史的认知、对人生的感悟、对生活的热爱与奋斗就会更进一分。

作为中国人，无论你身在何处，那与生俱来的充满民族文化DNA 的血液将伴随你的一生，乡音难改，乡情难忘，乡愁恒久。这是你的根，这是你的魂，这种民族文化的传统体现在你身上，是你身份的标识，也是我们作为中国人彼此认同的依据，它作为一种凝聚的力量，把我们整个中华民族大家庭紧紧地联系在一起。

《记住乡愁——留给孩子们的中国民俗文化》丛书，为小读者们全面介绍了传统民俗文化的丰富内容：包括民间史诗传说故事、传统民间节日、民间信仰、礼仪习俗、民间游戏、中国古代建筑技艺、民间手工艺……

　　各辑的主编、各册的作者，都是相关领域的专家。他们以适合儿童的文笔，选配大量图片，简约精当地介绍每一个专题，希望小读者们读来兴趣盎然、收获颇丰。

　　在你们阅读的过程中，也许你们的长辈会向你们说起他们曾经的往事，讲讲他们的"乡愁"。那时，你们也许会觉得生活充满了意趣。希望这套丛书能使你们更加珍爱中国的传统民俗文化，让你们为生为中国人而自豪，长大后为中华民族的伟大复兴做出自己的贡献！

　　亲爱的小读者们，祝你们健康快乐！

刘魁立

二〇一七年十二月

目 录

「鼓」和「楼」

| "鼓" 和 "楼" |

侗族人在全国大部分地区均有分布，主要集中聚居在贵州省，广西、广东、湖南和湖北的侗族人也比较多。在 2010 年第六次人口普查中，侗族的总人口数为 287 万左右。

侗族人居住的地方没有林立的高楼，也没有飞驰的汽车，只有参天的大树和叮咚的泉水，如世外桃源一般。连绵的大山、遍野的树木赋予生活在这里的人们天生的艺术气息。侗族的历史文化极其悠久，拥有自己的语言文字和独特的艺术形式，其中最让人眼前一亮的就是其建筑瑰宝——侗族鼓楼。

北京有鼓楼，西安也有鼓楼，那么，侗族鼓楼到底是什么样子的？为什么侗族的鼓楼如此特别呢？

侗族鼓楼是一种木塔形重檐式建筑，整座建筑通体为木结构，并运用独特的榫接工艺。鼓楼中梁柱枋纵横

| 北京鼓楼 |

| 西安鼓楼 |

| 广西 三江鼓楼 |

| 贵州三宝鼓楼 |

看竟然还带有一丝东南亚的异域风情。

侗族建筑风格的形成与该民族的历史文化和所处的自然地理环境有不可分割的关系。侗族是一个群居民族，一个村寨通常只有一个姓氏。随着寨中人口不断增多，逐渐衍生出支寨，就这样慢慢发展为小寨、大寨。通常侗族人以原始村寨作为中心建立鼓楼，其余小寨随着人数的增多形成一定规模后，方可建立自己的鼓楼。

侗族鼓楼在连绵不断的山谷中沿水修建，乘车在山间蜿蜒的公路上行驶，每隔一段距离就会看到或高或低的尖顶，这些尖顶所在的位置就是侗族村寨。

侗寨多建在山地环境中，建寨一般遵循以下规律：首

交错，找不到任何现代建筑所用的水泥钢筋。依靠工匠成熟的技术，鼓楼便可层层架起，最高可达数十米，远

先是依山而建,这也是大多山区少数民族建立村寨的原则;其次是靠近水源。若是依山能找到一个地势平缓,又有源源不断的流水的地方那就再理想不过了。背山面水指的就是这种传统的建寨规律。侗寨建寨背靠的山脉一般叫作龙脉,龙脉顺山势而下直至平坦的地方而止,此处平坦的地方叫坎子,也

称龙头。龙头所对的缓坡是龙嘴,那里就是最适合建立侗寨的地方。

每一个第一次看到侗族鼓楼的人,都会被它的外形所震撼。侗族鼓楼的样子和北方木结构建筑完全不同。北京故宫的太和殿也属于木结构建筑,它宏伟庄重,屋檐的曲线缓缓向外延伸,平和又富有力量。而侗族鼓楼

肇兴鼓楼
内部

层层叠叠，檐角起翘，每一个伸出的檐角都好似被赋予了生命，极力展示着自己的魅力，远看就像一只要展翅飞翔的仙鹤正跃跃欲试。走进鼓楼内部，像鲁班锁一般复杂的木结构令人瞬间为之着迷。每一个玩过鲁班锁的人都知道，鲁班锁的所有木块相互咬合，松松散散，但是打开它却不容易，更难的

是把它打开后再拼成原来的样子。侗族鼓楼就像一个大型鲁班锁，一环一环紧紧相扣，吸引着人们默默地抬头凝视，心中只想找到这一层层木头穿插的结构里藏着的机关和秘密。

建造侗族鼓楼需要什么材料呢？建造侗族鼓楼这种纯粹的木结构建筑，最重要的是准备足够的木材，没有木材就如同巧妇难为无米之炊。我国南方地区气候较北方炎热，雨水充沛。侗族所在的地区海拔高，纬度低，属于亚热带湿润季风气候，常年温度适宜。侗族所居之地处于群山之中，春季没有沙尘，夏季没有烈日，秋季没有狂风，冬季没有严寒。这样的气候为生长在这里的树木提供了最好的生长环境，

尤其是为建造侗族鼓楼所需要的主要材料——杉树的生长提供了良好的气候条件。

杉木纹理垂直整齐，适合做鼓楼里大大小小的立柱。木材质地细腻轻软，木匠师傅用来制作小构件省时省力。同时杉木本身具有特殊的气味，这种气味可以驱除虫蚁达到防蛀的目的，因此杉木是建造侗族鼓楼最好的材料。侗族鼓楼本就是木结构建筑，也正是由于侗族人巧妙地运用了木材的特性，才能不用一钉一铆就可以建成高达数十米的侗族鼓楼。

侗族鼓楼里的"鼓"是真的吗？侗族鼓楼里面确实有一面大鼓，正是因为这个原因，才被命名为侗族鼓楼。这面大鼓到底在哪儿？这里面涉及一个物理问题：把大

| 广西三江鼓楼 |

鼓放到建筑中的什么地方敲击鼓面，鼓声传播得最远呢？这与其说是一道物理题倒不如说是一道常识题，相信就算是小学生也知道答案——当然就是建筑的最上方。所以侗族鼓楼里那面大鼓便放置在顶部的平台上。每座侗族鼓楼中柱旁都竖立着一根可以攀爬的木杆，这根木杆通向最上方的阁楼。每当寨子

｜鼓楼内的爬杆｜

收到通知。通过鼓声的节奏快慢，人们可以分辨大概发生了什么事，迅速到鼓楼集合。这是最原始的消息传播方式，在没有现代通信设备的年代，聪明的侗族人便是通过这种方法传递消息。

除了上面两个问题，你心里一定还有更多的疑惑，那么，我们就继续了解这奇特的侗族鼓楼吧！

遇到紧急情况时，便会有人登上阁楼，敲打大鼓，通过这种形式让全寨人第一时间

没有人确切知道侗族鼓楼到底是什么时候出现的，早在明代的时候就已经有关

｜侗寨鼓楼建筑｜

于侗族鼓楼的记载。史料中有这样的记录："南明楼，即鼓楼，明永乐年间建。其始基以坚础，竖以巨柱，其上栋桷题栌之类，凡累三层。"这说明早在明朝时期侗族鼓楼就已经出现，并且造型固定，建楼的技艺也相当成熟。

除了文字记载，在侗族地区，还有很多关于鼓楼的民间传说。其中有两个故事都和鼓楼中的"鼓"有关。

很久以前，侗族有一个姓杨的男子，骁勇善战、见义勇为，在寨子里是如梁山好汉般的人物。他经常劫富济贫，并且带领寨子里的人反抗朝廷的压迫和剥削，在寨子中有极高的威望，自然他在官府的黑名单中也是"榜上有名"。官府监视很久之后伺机抓住了他，把他关了起来，并宣称要于四月初九这一天，将他斩首示众。

寨子中的人们听到这个消息都非常着急，大家商议把他救出来。杨姓男子有一个妹妹，十分聪慧，她知道自己的哥哥被抓后绞尽脑汁终于想到一个好主意。在行刑的前一天，她用杨桐叶把糯米饭染黑，想方设法将饭送进大牢。她的哥哥吃下糯米饭后恢复了体力，将牢门砸开逃回寨子中。回到寨子后，他在寨子的中心敲击大鼓，寨中那些尚武好义的村民闻鼓而起，团结起来打退了朝廷的官兵。

后来，为了纪念勇敢的杨氏兄妹，侗族人便在寨子的中心位置修建了一个木楼，并将那面大鼓挂在楼上，鼓楼因此而得名。

第二个传说也是与击鼓传信有关。

有一个处在深山里的寨子，经常遭到土匪的劫掠。有一个叫张土漏的土匪头子看中了村寨中一位叫姑楼娘的姑娘，想要抢回去当压寨夫人。姑楼娘是寨子中出名的美女，而且聪明勇敢。为了得到她，土匪威胁寨老在规定期限内准备好粮食、猪牛和若干银两，当然最重要的是姑楼娘，如果到预定的时间不见财物和人，便会放火烧寨。

全寨的人都紧张得不知如何是好，正在大家一筹莫展的时候，姑楼娘居然答应了土匪的要求。她的朋友们劝她千万不要牺牲自己，总会想出办法的，然而姑楼娘却没有丝毫惧怕。之后她将自己的计划告诉寨老："我想出一个办法，虽然有风险但却可以试一试。我们先假装答应土匪的要求，准备好他们要的所有东西，并且佯装害怕，大摆筵席，邀请土匪到寨子中边喝酒边接物交人。同时我们在宴席周围设下埋伏，等到张土漏放松警惕之时，就击鼓为号，众人齐上将他抓住。"虽然计划

并不十分成熟，但寨老还是答应姑楼娘全力配合。

最终大家按照姑楼娘的计划成功地杀死了土匪头目张土漏，姑楼娘不但解救了自己，也震慑了其他的土匪强盗。从那之后，村民就很少再受到土匪的洗劫了。击鼓传信也成为侗族人传递信息的一种方式。

通过这两个故事可以看出鼓楼的名字和"鼓"确实是密不可分的。

接下来我们来了解一下鼓楼的造型。鼓楼从一开始就如现在我们看到的一般吗？侗寨的老人常说"鼓楼是一株杉树"，建造鼓楼的木材为杉木，说它是一株杉树并不为过。除了这个客观因素，还有一个更重要的主观因素——杉树在侗族人的心中占有重要地位，是侗族人的精神寄托。侗族人有崇拜"巨树"的传统，他们认为巨树是神圣的，笔直的树干插入云霄可以与天神沟通。巨树上通神明下连大地，将灵气传递到侗族人周围。树底下的空间也因此带有神圣的光环，人们在这样的空间中公平公正地处理事情，并且受到神灵的护佑，这里的爱情也会受到神灵的祝福。侗族所有重大的事情都要在鼓楼内进行，追根究底这也和侗族人最淳朴的宇宙观念有关。

侗族人大多分布在深山中，因交通不便，与外界的接触比较少。侗寨经济发展落后，村民连自己住的房子都盖不起来，更别说寨子里的公共场所。每当遇到需要全寨人集合讨论重大事情的时候，寨中最大的那棵杉树下便是村民集会的场所。平时人们也常在树下休息纳凉。久而久之侗族人便仿照杉树的造型建起鼓楼，这也是鼓楼最早的形式——独柱鼓楼。

后来侗寨中形成一种习俗，如果没有足够的资金建造鼓楼，人们便在寨子中心的位置立一根杉木，见木如见楼，这根杉木便代表鼓楼。就算是一根简单的杉木，在侗族人的心中，也如同巨树一般庇佑着寨子中的人们，使族人如同大树一样枝繁叶茂，拥有顽强的生命力。

侗族鼓楼作为寨子中的精神圣地，它周围还有很多其他建筑。侗寨多沿河而建，鼓楼和街道通过一种很有特色的建筑形式——风雨桥来衔接。

风雨桥也叫"花桥"，亭楼式的造型让它看起来和我们平时见到的桥有很大不同。风雨桥是一种集桥、亭、廊为一体的桥梁建筑，桥身为一个中空的空间，内部宽敞，两侧有栏杆和供人休息的长凳。

| 风雨桥 |

| 风雨桥内部 |

娱乐场所之一。风雨桥不仅是连接鼓楼与外面道路的桥梁，更是连接人们心灵的桥梁。在以前那个没有手机、电脑的年代，人与人之间的了解、沟通就是面对面谈天说地、互诉家常。老人家说一说年轻时的勇敢无畏，年轻人聊一聊外面世界的无限精彩，每天寨子中的大小新闻也都在这里传播。

风雨桥不仅能够为村民提供交通上的便利，也是村民在寨子中为数不多的休闲

侗族鼓楼是什么样子的？

印社记程

| 侗族鼓楼是什么样子的？ |

侗族鼓楼是我国传统的木结构建筑。2008 年，侗族木构建筑营造技艺被列入第二批国家级非物质文化遗产名录。鼓楼可以说是侗族建筑艺术的精华，它和风雨桥、侗族大歌被合称为侗族文化三宝。

| 底层 | 主柱 |

侗族鼓楼一般由四根大杉木作为主柱，主柱的周围加入其他辅助用的小木柱形成鼓楼的底层，支撑起整个鼓楼的重量，再逐渐向上叠加木结构，最后形成我们看到的鼓楼形态。在整个建造

| 傍晚的侗寨鼓楼 |

| 三宝鼓楼 |

| 四角鼓楼 |

过程中完全是通过木构件之间的穿插结合，形成一种看似岌岌可危却抵得住八级地震的结构，坚实牢固又轻巧灵动。

鼓楼的层数都是奇数，没有偶数，这是因为在侗族人心目中奇数是源源不断的数字，象征着侗族是一个不断发展的民族。鼓楼层数一般三到五层，有的可以达到二十一层，坐落在贵州榕江的三宝鼓楼就是二十一层的四角鼓楼。

侗族鼓楼虽然从外观看有高有低，边角数量也各不相同，但其整体构造多是相似的。侗族鼓楼的主体基本可以分为三个部分，第一部分是鼓楼的最下方，是由主柱支撑起来的底部空间，通常为四边形，底部再向上通

| 宝葫芦 |

过柱子数量和位置的改变演变为四角、六角、八角甚至更多组合形式的鼓楼。第二个部分是我们从外部可以看到的一层一层密不透风的屋檐，侗族鼓楼也因此被称为密檐式鼓楼。这个部分构成了鼓楼的外部造型。第三个部分是鼓楼的宝顶，在鼓楼的最顶端，一般是攒尖顶或

歇山顶的样式，人们常在其上方加装宝葫芦作为装饰。攒尖顶和歇山顶都是建筑屋顶的样式，建筑物的屋面在顶部交汇为一点，形成尖顶，这种建筑叫攒尖建筑，其屋顶叫攒尖顶。歇山顶共有九条屋脊，是两坡顶加周围廊形成的屋顶式样。由于鼓楼整体为纯木结构建筑，为了避雷防火，人们在宝葫芦上方嵌入一根金属针，作为鼓楼的避雷装置。

侗族鼓楼最初的形态——

| 攒尖顶鼓楼 |

| 环形结构 |

| 四根柱子构成的
正方形 |

心安置火塘是无法实现的，火塘必然要偏向一侧，这导致鼓楼底部的空间变得非常局促。面对这样的情况，工匠开始琢磨怎样做才能把这根大柱子向上移动，留出完整的底部空间。他们尝试把以中心柱为主的支撑底部空间的结构，改成以四根主柱为支撑的环状结构，并抬高它的高度，由下向上看是一个呈回字形的双层环形结构，从而保留了完整的底部空间。这种鼓楼形式叫"中心柱式鼓楼"。

独柱鼓楼，其外形与其他鼓楼外形并无二致，但内部有一个小缺点，导致空间利用不够充分。独柱鼓楼的中心有一根柱子，切割了完整的底部空间，所以在其底部中

侗族鼓楼虽与北方木结构建筑多有不同，但其建造方式遵循的也是大木作结构的建造方式，屋面的构造主要分为"穿斗式"和"抬梁式"两类。穿斗式是用穿枋把柱子串起来，形成一榀榀房架，

檩条直接搁置在柱头，在沿檩条方向，再用斗枋把柱子串联起来，由此而形成屋架。抬梁式是在立柱上架梁，梁上又抬梁。抬梁式使用范围广，在宫殿、庙宇、寺院等大型建筑中普遍采用，更为皇家建筑群所选，是木构架建筑的代表。中心柱式鼓楼就是穿斗式的一种，中心柱式鼓楼多为正多边形，现存较少，但它见证了鼓楼结构的发展历程。

|内部结构|

鼓楼高度越高或者密檐的层数越多，建楼所用的木构件也会相应增多。所有的

|六角鼓楼|

| 八角鼓楼 |

木料都是通过榫接、穿插的工艺相互咬合，彼此支撑。

我们以四柱鼓楼为例，简单地描述一下鼓楼是怎样一步一步建造起来的。

| 底层四角上层八角鼓楼 |

首先在选定的位置按照正方形的四个点竖立四根主承柱，这四根柱子就是整座鼓楼最坚固的支撑点，然后在四根主承柱的周围分别竖起三根小立柱，再用横向的大枋通过榫卯把主承柱与小立柱连接起来，形成四组正方形。这四组正方形向上加檩条和椽子、盖瓦，便形成了四边的屋檐，这种构造给上面的层层木结构打下了坚实的基础。

继续用这种形式，在每根主承柱和小柱的枋上竖立第二层外柱，把檐枋和外柱连接起来，形成第二层屋檐。按照这样的方法逐层递加，每多加一层，都要将木枋缩短一定的尺寸。以便与内柱的顶端保持平行，随后逐层递加，最终建成预计的高度。

在侗族地区最常见的鼓楼形式是底层四角二层檐后变成六角或八角逐渐向上收齐的组合形式。鼓楼的柱子越多，楼体越高，其内部结构越复杂，建造的难度也越大。即使外部发生简单的变化，其内部的木结构也要进行"加柱"或"减柱"。

加柱多用于底层四角二层檐后变为六角或八角的鼓楼。做法是在中心柱和边柱的第一层枋上加一根横梁，将四根中柱作为八角形中的四个点，在横梁的对应位置

上加短柱，与中柱形成一个八角形。

减柱主要有两种方式：一种是将八根主柱变为四根，可将八角鼓楼转化为四角鼓楼；另一种则是将底层平面的中心柱直接落在边柱间的

[侗寨鼓楼]

梁上。这种方式须在特定的条件下，若是鼓楼所在的地势较高或其中柱间的跨度较大就不合适了。

侗族鼓楼最高可达几十米，因此保持其内部木结构的稳定非常重要。为了达到这方面的要求，鼓楼的中柱需要向内倾斜一定的角度。中柱顶部向内靠拢，柱脚向外，柱头向内，用梁枋串联

[楼顶的鼓楼]

起来，借助楼顶施加的压力，向下形成一定的水平推力，形成近似于金字塔一样的结构。以此增加纵向木构架的凝聚力，防止鼓楼在达到一定高度时，产生松散或晃动的现象。

最后一部分就是鼓楼最顶端的宝顶了，鼓楼的宝顶通常是攒尖顶或歇山顶，都是木结构。最具代表性的攒尖顶建筑是北京天坛，歇山顶建筑就更多了，比如著名

| 宝顶斗拱 |

的天安门城楼，故宫内部的太和门、保和殿等。宝顶是鼓楼形态的一部分，它复杂

| 天坛 |

[鼓楼梁架]

的结构也是鼓楼的一种装饰。

　　构成宝顶最重要的部分便要数那一层层的斗拱了。这里的斗拱，并不像其他建筑中的斗拱有力学上的支撑作用。侗族鼓楼中的斗拱多起装饰作用。侗族的工匠称斗拱为"蜂窝"，非常形象。从远处看，层层叠叠的木构件确实像大蜂窝一样。由于这些斗拱并无支撑作用，所以木块的穿插也不复杂。斗拱根据宝顶的形状和高度分成多层，每一层密密地整齐排放，每一组斗拱都要完整，层与层之间用横板间隔。

　　侗族鼓楼可以媲美任何一件艺术品，其内部错综复杂而又井然有序的木结构，令人叹为观止。

建造一座鼓楼

| 建造一座鼓楼 |

侗族鼓楼结构如此复杂，造型这样精美，需要依照多么详细的图纸才能建成啊！如果你这么想那可就错了。最初侗族鼓楼的建造没有一张设计图纸，更没有现在先进的制图软件。鼓楼最后的落成主要依靠一些人，他们是建造鼓楼的总工程师，人们称这些厉害人物为"掌墨师傅"。

建造鼓楼没有图纸可依，建楼所需的数据都在掌墨师傅的大脑中。建楼的每一个细小的步骤，选址、画墨下料、鼓楼构架等，掌墨师傅都了如指掌。每一根木柱的长度，每一个檐角起翘的角

| 大美贵州侗族
民族建筑 |

| 掌墨师傅
陆文礼 |

度，甚至每一个小小斗拱的尺寸他都熟记于心。他的墨斗和笔如音符般跳跃在每一根杉木上，可以说没有掌墨师傅就不会有鼓楼最后的落成，掌墨师傅是鼓楼能够建造成功的关键人物。

贵州黎平肇兴的侗寨中有一位叫陆文礼的老人，在当地可以说是无人不知。"花桥师傅在三江，鼓楼师傅在纪堂"说的就是以陆培福、陆文礼两个人为代表的纪堂侗寨鼓楼掌墨师傅。20世纪60年代初，陆文礼初中毕业后，便到陆培福那里拜师学艺。他聪明又刻苦，短短三年时间便出师独自带队掌墨施工。到目前为止，在陆文礼的指挥下，不知道已经建成了多少鼓楼。

2011年，笔者和同事在贵州田野调查的时候，曾经采访过陆文礼师傅。陆文礼师傅个头不高，稍稍有些驼背，却精神矍铄，步伐轻快。他将自己的工作室建在山腰上，交通工具便是自己的双脚。采访那天，老人说："我带你们到工作室去看看吧，所有的资料都在那里。"笔者一行人一口答应，这可是一个了解掌墨师傅和鼓楼的大好机会。谁知这工作室建在半山腰的吊脚楼中，年轻人爬上去都要气喘吁吁，可这位老人一溜烟儿就跑了上去。

走到他工作的吊脚楼前，他从一堆木料中找到一根带钩的铁丝，问："你们猜，这是什么？"面对众人的一脸狐疑，他笑着说："好好看着。"然后把铁丝插到木门中，不知勾到哪个机关，门竟然开了，"除了我自己谁也不知道这锁在哪里。"陆文礼师傅不无自豪地说。那一瞬间除了目瞪口呆，真是不知道还有什么词语，可以形容众人当时的表情。真不愧是一位老工匠，随处都能看到他的奇思妙想。

走进楼内便是老人工作的区域，墙上挂着锦旗和图纸。图纸在侗族鼓楼的建造中可以说是极为罕见。由于掌墨师傅建造鼓楼依靠的是丈杆，几乎没有人会画图纸，所以侗族鼓楼的营造技艺传承也变成了一个棘手问题。然而陆文礼师傅早就意识到，这种传统的技艺如果没有通过图纸记录，总有一天会面临消失的局面。事实上，确实如此，当他们这一辈匠人逐渐老去，而年轻人又对这种古老的技艺失去兴趣的时候，可能就要眼睁睁看着如此美好

|手绘鼓楼木构件|

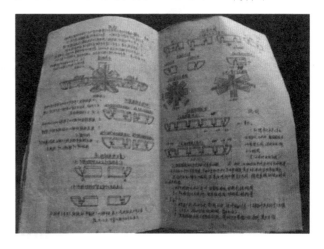

|匠杆|

的建筑消失了。因此，陆文礼师傅拿起笔绘制了一本图册，将他经手建造的鼓楼图纸全部画了出来，详细到每一个斗拱的尺寸、结构和造型，每一根木梁上的文字和图案。这本图册可以说是一部完整的鼓楼建造史，改变了侗族鼓楼长期以来不制图施工的历史，使侗族鼓楼建

造更具科学性和艺术性。他认为这是他能对鼓楼做的最有意义的一件事情。

一个掌墨师傅，一根丈杆，一把直尺，再加上一个墨斗就是一座鼓楼建成的必要条件。

没有图纸，掌墨师傅靠的便是丈杆，这是他们的看家工具，掌墨师傅在设计鼓楼、风雨桥和民居时，凭借的都是这根简单的丈杆。这是一种传统的度量尺，被人们称为"匠杆"。每一位掌墨师傅都有自己的一套匠杆，每套匠杆有长有短，并刻画着不同的符号，每根匠杆丈量的都是建筑中不同的位置。每一座鼓楼的层数、屋檐的檐角及屋顶的样式都不尽相同。每设计一座鼓楼，掌墨师傅都要制作一套匠杆。

一根木柱的长度，一个斗拱的大小都要记录在这看似简陋的匠杆上。一套匠杆制作完成，一座鼓楼基本就在掌墨师傅的心中浮现出来了。

写匠杆是掌墨师傅要做的第一件事情。每一位掌墨师傅都有一套自己的符号。这种符号看起来既像文字又像简笔画，仔细看又都不是，这是他们创造的一种只有自己才能看懂的图案，也是一

| 掌墨师傅使用的符号 |

种古老的保密方式，为的就是保护这种传统技艺不外传。这些符号不仅掌墨师傅自己

| 匠杆上的符号 |

[角尺]

[刨子]

[木马]

[墨斗]

要熟记于心，更要让徒弟能够领会，这样干起活来才能既快又准。

匠杆是掌墨师傅众多工具中的一种，当然也是最重要的一种。除此之外还有一些常见的木工工具，例如，角尺、刨子、木马、墨斗等。

在木工工作现场，经常需要画又长又直的线，可是到哪去找这么长的尺子呢？聪明的匠人发明了一种简单又方便的工具——墨斗。墨斗主要有三个部分：第一部分是可以手摇的滚轮，上面缠绕着墨线；第二部分是墨仓，盛放着浸满墨水的棉花，墨线从墨仓中穿出来；第三部分是墨斗的最尽头，那里固定着一颗尖利的动物牙齿。使用的时候将墨线绕出，固定在要加工的木料两端，扯直拉紧，利用墨线的弹性，轻轻一弹，弹在要画线的地方，就能得到一根又直又细的墨线。这看似简单的操作，也需要熟能生巧，墨线过松或过紧都弹不出又直又均匀的墨线。"线绳要绷紧，墨汁吃均匀；两手垂直提，墨线显又直。"这是弹墨线的歌诀，每位工匠都要熟记。

墨斗不但使用起来很方便，它的造型也是多种多样。工匠们可以按照自己的喜好把它做成鱼形、龙形以及棺材形。这里的"棺材"用的是"官"和"财"的谐音，取一个升官发财的吉祥寓意，这也是老百姓最接地气的愿望。

鼓楼是侗族人心中最神圣的建筑，鼓楼的建造从准备到最后建成，要经历很多复杂的工序，主要包括：商量立楼、选择位置、准备材料、确定时间、伐木、抬树、下墨线、立架、架顶等。

商量立楼

鼓楼是每个侗寨最重要的公共建筑，它的建造需要由寨老提出，再经全寨家族长辈商量后，确定鼓楼的位置、用料、资金、聘请掌墨师傅等各项事宜。掌墨师傅和工人的酬劳除了工钱之外还有米、酒、肉等，数量多少则随意，并没有固定的要求。开工之后，每家每户都要轮流准备酒菜招待工匠师傅，希望他们能尽心尽力为自己的寨子建造最好的鼓楼。

选择位置

侗族向来有立寨先立楼的传统，但有些寨子由外来的住户不断迁移定居于此慢慢形成。这种寨子最初并没有预留修建鼓楼的位置。因此修建鼓楼时，需要先请风水师傅使用罗盘，在寨中选择一处风水宝地，再根据鼓楼的其他功能，确立鼓楼的位置，通常都是寨子的中心位置。当然，不管最后选在哪家村民的住址上，这户村民都会尽快地搬离，为鼓楼的建造提供场地。其他村民会为这户搬离的村民选择新的住址，重新建造房屋。

除了新建鼓楼还有另一种情况，就是在鼓楼的原址上重建。由于鼓楼以木结构为主，火是这种建筑的"天敌"。肇兴侗寨的五座鼓楼都经历过火灾，破损严重。直到侗寨经济发展起来，人们才在原来的位置上重新修建鼓楼。

准备材料

鼓楼里最重要的柱子是位于中心的中柱，即雷公柱和围绕它的四根主承柱。新建鼓楼，按照侗寨的风俗，这些柱子需要由落寨较早，并且人丁兴旺、生活富裕的人家捐献，预示鼓楼也能像这户人家一样，带领侗寨事事兴旺。重建鼓楼，中柱必须由寨子中建造第一座鼓楼时捐献中柱的人家的后人捐献。剩余需要的材料由全寨平摊。有血缘关系的兄弟寨，则捐赠火塘周围的四条长凳。这些都是侗寨历来的传统。

鼓楼的主承柱对木料有着极高的要求，需要由树龄五百年以上，直径五十厘米以上的杉树制成。杉树要高大、笔直，不能有断面。断面是不好的兆头，侗族人认为会给村民带来厄运。生叉的杉树也不能用，侗族人认为使用生叉的杉木会让寨中居住的人产生离间之心。

确定时间

选择好鼓楼的位置后，寨老需要请风水师傅用罗盘定向，观察鼓楼的场地，并选择适合的年、月、日及时辰。如果当年不适合那就只能另选一年，有时可能会拖延三到五年，但这种情况并不多见。

伐木

主承柱的选择和砍伐时间都有严格的要求，第一根主承柱一定要在规定的时间内，由特定的年轻男子砍伐。这其中又有很多风俗，例如，砍树人要烧香化纸，并呈上酸鱼饭等祭品，祭品要摆在树的前方。砍树人口中念咒，

双手拜谢天地，把香灰洒向树的方向，然后左手持斧，右手用大拇指和小拇指捏笔在斧头上画字，并念咒语，祈求各路神明保佑鼓楼的建造过程顺顺利利，莫要有坎坷不顺之处。接下来砍树人右手举斧，用斧头顶部敲打树干，砍下第一斧后，捡起木渣，铺到树要倒下去的方向，边砍边把木渣铺好，以防杉树倒下后直接接触地面。树被砍倒之后，砍树人把另一棵杉树的树叶放在树桩上，寓意为"老去少来"，由此表达侗族人保护自然、繁衍生息的美好愿望。

抬树

伐好杉树之后，需要将其抬回寨子，抬树要选家世清白的年轻人。抬树时不能乱吼乱叫，不能有铁器碰撞

的声音，不能把杉树砸到地上，更不能跨越和用脚踩踏要抬的杉树。把杉树抬到鼓楼坪之时，人们要燃放鞭炮，举行迎接仪式，并将杉树按规定放到木马上。

下墨线

所有木料备齐之后，掌墨师傅便选择良辰吉日下头墨。那日掌墨师傅需身穿新衣，口念咒语，烧香纸，并将柱子中的瓜柱放在新做的木马上，刨光表面，用墨斗开始下墨。仪式完成后，工匠就开始加工制作其他部件。墨线是所有工匠遵循的唯一标记，尤其重要部位的第一条墨线是关键中的关键。

下完头墨后，掌墨师傅拿着丈杆和墨斗穿梭在各主承柱和梁枋之间测量画线，其他工匠按照各自的分工将其余的构件加工完成。一些附属的构件，如枋条、檩子、斗拱等可以在楼架竖立之后再制作。

侗族鼓楼内的柱子除了瓜柱这类短柱以外，其他柱子均为底部略粗、顶部收细的圆柱体，需要对这些柱子进行"收分"处理。一般先下卯眼的墨线，对于尺寸统一的柱子，在下墨线的时候统一测量和下线，这样既省力又省时间；对于不规则柱子的卯眼，则需要用曲尺逐一测量。然后将其他柱、板、枋、檩条锯出粗略的样子，由掌墨师傅在上面下墨线，待检查过后，由其他工匠完成整体的制作。最后在完成的木料上标记上下左右、东西南北中等记号，并将它们放置好便于后期使用。其他木材也同样按照这种方式，准备妥当等待使用。

立架

鼓楼结构层层叠叠，要把它全部竖立起来，确实是个大工程。首先立好主要的框架，有了框架再将其他部分逐一穿插到框架中。框架安置在主承柱的内部，高度与主承柱齐平，使主承柱有坚实的依靠，也使整个鼓楼安全稳固。竖架立楼这天，是整个鼓楼建造最关键的一天。侗寨中有一个风俗，在立楼那天，鼓楼对面的民居，都要挂上土布和柚子树叶挡住煞气。还有一些地方，需要掌墨师傅将两个木马架在一条线上，木马对着的人家要回避一个时辰。

鼓楼的建立有各种禁忌，侗族人对鼓楼营造技艺的保

| 侗族织布印染纹饰 |

护更为看重，有很多关于侗族人保护鼓楼营造技艺的小故事。

日本电视台曾到黎平侗寨拍摄一部关于当地风土人情的纪录片。他们拍摄了侗族大歌、传统的染织和侗族人的日常生活。他们最大的愿望是将独特的鼓楼建造技艺完整地拍摄下来，作为纪录片最重要的部分。摄制组在寨子里待了很久，跟随掌墨师傅做了大量的前期准备，随时等待记录立楼这个关键

时刻。然而就在原定的竖立鼓楼的那天，当他们兴奋地去拍摄时，却发现鼓楼竟然已经竖立起来了。看到这个场面，他们十分懊悔，但更多的却是震惊，这些工匠到底是怎么做到的呢？为什么要这么做呢？

我们先解答第二个问题，为什么要避开日本电视台提前竖架立楼呢？鼓楼的建造技艺是非常神圣且机密的，

本寨的人都不是想学就能学到，更不要说被其他国家拍成纪录片告知天下了。因此寨老们决定在拍摄前一晚将鼓楼竖立起来，不让日本电视台拍到建造鼓楼的"核心机密"。听到这些，日本电视台的摄影师虽然遗憾，却对侗族的匠人们产生了由衷的尊敬，这是他们对民族文化的保护。

下面，我们来回答第一

| 肇兴侗寨 |

个问题，鼓楼这么复杂的结构，要在一晚之间竖立起来，有可能吗？要解答这个问题，就要了解它竖立的过程。所有木构架准备完成后，首先由一部分人拉起系在框架中柱顶端的绳子，利用框架上的横梁做杠杆，将主承柱缓缓拉起来。之后将柱子底部抬起，迅速固定在柱础上。这个时候，需要二到四人拿起长十余米的扬叉，撑在柱子上掌握方向并作固定。按照这个步骤，将另外三根主承柱依次竖立起来。随后在每根柱子周围竖立三根小柱，形成四个正方形，这便是鼓楼最重要的底部平面。

在这之后，工匠便可以通过横向的梁枋，将每一根主承柱连接起来，形成我们所说的内环柱。檐柱和主承

| 鼓楼木结构模型 |

柱之间架梁，梁的中心点立瓜柱，而后再架短梁。这样逐层架起，支撑层层挑出的屋檐，形成井然有序的木结构网。主承柱和周围檐柱的组合，不仅扩大了底层面积，同时也稳固了鼓楼的结构，这就是鼓楼主体框架建造的过程。因为有前期大量的准备，所以鼓楼在掌墨师傅的指挥下，可以在一夜之间像

[侗族大歌]

搭积木一样竖立起来。

架顶

根据鼓楼主柱的数量和宝顶的形式，在主承柱上用斗拱做承上启下的部分。楼顶按照对角线构筑垂脊，从檐脚由下向上逐渐收缩形成了自然的建筑曲线，一直到鼓楼的宝顶处，将类似于迷你屋顶般的宝顶烘托出猛然升高的姿态，突出表现冠冕的作用。

以上就是侗族鼓楼主体木构架的搭建，剩下的工作便是盖瓦、封檐及各项装饰等。就这样，一座飞檐翘角、巍然挺拔的鼓楼便完成了。

最后选择良辰吉日，举办祝贺鼓楼落成的庆典。全寨人都要身着盛装，唱起侗族大歌，举行芦笙比赛、踩歌堂等丰富多彩的侗族传统活动。通宵达旦欢声笑语，预示着人们在一个全新的侗寨里从此开始精彩的生活，侗寨以后的生活定会一帆风顺，红红火火。

侗族鼓楼的装饰艺术

|侗族鼓楼的装饰艺术|

鼓楼作为侗寨的"心脏"，是侗族人的心灵寄托。鼓楼奇特的造型，反映了侗族建筑精巧的营造技艺和侗族人独特的艺术审美。

优雅灵动的造型、质朴夸张的色彩搭配、活灵活现的动物泥塑、形式多样的民间绘画、洗练流畅的建筑线条等都表现了侗族人心中的美是什么样子的。

中国的木结构建筑因其本身结构的原因，其高度由立柱的长度决定。侗族鼓楼立柱较多并长短不一，在达到一定的高度时，屋面会形成斜坡并且有一定的凹度。这种凹度就是我们从远处望向鼓楼时，看到的轻松活泼的曲线。我们中国人一向喜欢具有生命感的曲线，这样外翘的檐角，收敛的楼身，更容易和大自然融为一体，也更像一棵真正的杉树。

侗族鼓楼的装饰，不仅

|鼓楼侧面曲线|

[侗族鼓楼夜景]

体现在它酷似杉树的形态上，更体现在鼓楼各处的结构与造型、绘画与雕刻、空间和周围环境这些细微之处。

[鼓楼泥塑]

木结构是鼓楼的主体，装饰是鼓楼的灵魂。二者合二为一才是完整的鼓楼。

鼓楼的装饰主要集中在屋顶、外檐、宝顶、檐角及内部。中国传统的雕刻、泥塑、绘画等都是侗族鼓楼上常用的装饰手法。鼓楼的装饰表面呈现的是简单的造型、图案，深层则反映出侗族人对万物美的理解，对生活中点点滴滴美的归纳。除了侗族本民族传统的审美之外，由于侗族与汉族长期的融合，鼓楼的装饰既带有侗族的特点又体现出汉族建筑装饰的影子。

虽然能在侗族鼓楼中看到汉族建筑装饰的影子，但侗族鼓楼不像北方官式建筑那样有着严格的等级和制式。它对于雕刻的题材、彩绘的颜色都充满着自由的想象，所有能够表达侗族人积极向上的生活态度和审美的物品都可以用来作为侗族鼓楼的装饰。

侗族鼓楼中运用了一种简单有趣的工艺——泥塑。制作泥塑与制作石雕、木雕相比，方式要容易一些。通常是提前做好模具，再将土和其他材料搅拌均匀灌入模具，脱模后晾干，然后进行

[泥塑]

外部着色。通常采用平涂的方式先用白色打底，白色的底色可以突出主题色彩。再按照造型本身的特点添加其他颜色，添加的色彩多为红色、绿色、黄色这些饱和度

[老虎泥塑]

较高的色彩，自然随性，不受约束。泥塑作品随处可见，与严谨复杂的内部结构不同，泥塑体现的是一种朴实原始的美感，像是小朋友画的简笔画，给人一种有趣放松的视觉感受。

鼓楼每一层的檐角都有装饰，装饰的造型一般是侗族人崇拜的动物图腾。这些檐角的装饰不仅起到美化鼓楼的作用，还具有加固和保护的功能。龙凤鳌鱼、家禽家畜、祥鸟瑞兽、传统人物等都是鼓楼常用的泥塑造型，在檐角上还会看到鱼尾或是鸟类的简化变形。这些造型的用意是趋吉避凶，保佑侗寨长长久久、世代平安。其中鱼的造型最多。鱼象征着水，鼓楼绝大部分的建筑材料为杉木，自然是要预防火灾。水克火，所以鼓楼檐角会有鳌鱼的形象，民居的屋顶侧面也会有悬鱼，这是侗族人原始的防火防灾的意识的体现。除了防火之外，侗族人喜欢用鱼的形象还有一个原因，鱼是一种繁衍后代速度极快的动物，喜欢聚群而游，侗族人希望寨子里的人都像鱼儿一样繁衍生息，团聚在鼓楼里，拧成一股绳。

鼓楼一层的火塘，四周围绕着条凳，当众人围坐在一起的时候，看起来活脱脱就是鱼窝的样子。这样一个简单的造型反映的却是侗族人无限的凝聚力和对美好生活的祈祷。

除了泥塑外，我们在侗族鼓楼内部的梁枋和外部的封檐板上还能够看到很多彩绘，这也是鼓楼装饰的一部

| 鼓楼内的火塘 |

| 条凳 |

分。彩绘的题材除了传统吉祥图案、山水风景，还有侗族人的生活习俗、民间传说、日常生活和劳动等内容。平日里织布纺线、耕作田地都可以作为绘画的创作素材。这些彩绘记录了侗族人勤劳朴实的民族传统，也反映出他们热爱生活、热爱劳动的美好品质。

彩绘中还有一些有趣的绘画内容，例如婚嫁场景。侗族人有自己独特的婚嫁习俗，匠人们把婚嫁习俗、迎娶过程和侗族人热爱歌舞的生活情趣结合起来，将鼓楼

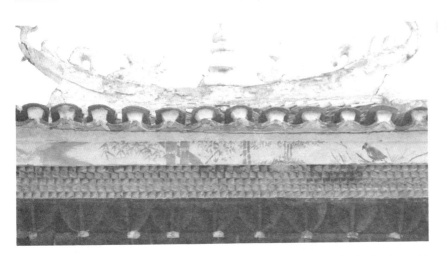

前的欢歌起舞，结婚时的迎亲送亲、闹洞房这些欢快幸福的场面都描绘出来。除了婚嫁外，一些重大节日里出现的传统习俗，例如扫阳春、唱侗族大歌、吹芦笙和盛大的斗牛活动也都可以在彩绘中找到，从彩绘里能感受到当时热烈、欢庆的气氛。

鼓楼底层的面积一般几十到上百平方米，中间设置火塘，四周有条凳供村民在里面烤火休息。尤其是在寒冷的冬天，寨子里的老老少少都会围在火塘边聊天、唱歌，这是他们最日常的娱乐节目。有趣的是条凳上还刻

[柱础]

有棋盘，村内的老人在饭后或午间围坐在一起切磋棋艺，在那一刻，鼓楼本身传统严肃的身份变得活泼起来。

侗族鼓楼中还有许多石材的装饰构件，最常见也最具实用性的是每根主柱下方的柱础。柱础是大多数木结构建筑中都会出现的石构件，主要作用是将地面与木柱间隔开，起到防虫蛀和防潮的作用，同时也增加了木柱的使用寿命。由于侗族所在的地区气候潮湿，侗族 鼓楼柱础的高度多在三十至四十厘米之间。

五座鼓楼，一艘船

| 五座鼓楼，一艘船 |

在众多侗寨中，贵州黎平的肇兴鼓楼群独树一帜。侗寨一般分布相对分散，像肇兴这样在小范围内分布着五座鼓楼的情况相对较少。如果站在山上向下鸟瞰，会发现这五座鼓楼是按照一艘大船的形状分布的。山林为河，鼓楼为船，就那样安静地行驶在贵州的山峦中，如世外桃源般与世无争。五座鼓楼为何呈船形分布呢？这与当地的地理环境和风土人情密不可分。

肇兴位于贵州山林的一处谷地中，住在这里的侗族人把这片苍劲挺拔的山林看成是奔腾的江河，而他们的

| 肇兴鼓楼群呈船形分布 |

侗寨便是载着他们乘风破浪的大船。

肇兴侗寨从何时开始形成的并没有确切的文字记载。根据传说，"闹"和"峦"两兄弟跋山涉水去往黎平，"闹"在途中一个叫洛香的地方定居下来，而"峦"则带领子孙来到肇洞，也就是我们所说的肇兴，因此"峦"就是肇兴的先人。后来在明

代洪武年间战乱之时，周围的侗民为了避难都逃到了肇兴，大家团结在一起求得平安。为了表示对肇兴侗寨的感谢，所有的外来人口都改姓为"峦"，也就是"陆"，肇兴侗寨对外全部为陆姓。

现在的肇兴侗寨根据血缘关系分成了五个"斗"，五个"斗"分居五个自然片区，当地称之为"团"，分别是仁团、义团、礼团、智团、信团。每个团都有自己的鼓楼，所以共有五座鼓楼，分别为仁团鼓楼、义团鼓楼、礼团鼓楼、智团鼓楼、信团鼓楼，这是译成汉语的名字。侗族是一个拥有自己语言的民族，所以每个汉语名字也有对应的侗语名字。

每一座鼓楼在这艘大船上的位置都很明确，这种具象的分布既反映了侗族人对美的理解，又体现了自然万物和建筑的关系，这是侗族人原始而又朴素的宇宙观。在时间的长河中，聪明的侗族人根据对生活经验的总结，对自然的敬畏，对人类自身的了解，用自己的方式敬畏宇宙万物。接下来我们就好好聊聊这五座鼓楼。

仁团鼓楼，位于肇兴上寨，七重檐八角攒尖顶，在

↑介绍鼓楼的石碑↑

船头的位置。船头要有冲劲，不能过高，矮一些方便破风前行，所以仁团鼓楼被建成了七层的高度。檐层间距较大，一眼望去几乎可以穿过缝隙看到对面的景物。仁团鼓楼造型轻盈质朴，把握着船的方向，大有扬帆起航的气势。

【仁团鼓楼】

仁团鼓楼最低两层为四方形，从第三层开始向上变为八角，缓缓向上收起，形成侧面优雅的曲线。

仁团鼓楼正面的大门上方最显眼的是双龙戏珠的泥塑，双龙是侗族人非常喜爱的图腾形象，在其他四座鼓楼中也能看到相同的形象。仁团鼓楼的双龙不是特别霸气，但有一种活泼可爱的气质。龙身为蓝绿色，头部略点缀红色，双眼炯炯有神，

背鳍随着身体的曲线熠熠发光，尾巴向远处扬起。双龙和底下的檐板融为一体，穿插交错，檐板颜色与龙身相似，接近海水的颜色，好似

【仁团鼓楼及风雨桥】

〔义团鼓楼双龙戏珠〕

这两条龙从海中盘旋而出，与檐板上的彩绘花纹相互映衬，形成渐变的层次感。

第二层檐角塑有一只鳌鱼，嘴巴大张，鱼尾高高翘起，虽然小巧玲珑，却有不畏困难的气势，体现出工匠在制作过程中赋予这些泥塑的精神意义。

除了泥塑以外，仔细看每层檐板上的彩绘也精彩纷呈。整体白色作底，上面绘以红、黄、蓝三原色为主的图案，底层檐板以生活场景为主，绘画的题材有节日庆祝、春耕秋收及日常生活；第二层檐板上绘有自由自在的鱼儿在水草间穿梭；第三层檐板上绘有一只栩栩如生的火凤凰，它拖着长长的尾巴，三种颜色的羽毛层次分明，充满灵性。

义团鼓楼，十一重檐八角攒尖顶，它被看作是船舱，能牢牢稳住大船。穿过风雨桥，走进义团鼓楼，后面衔接的是鼓楼坪和戏台，简单的几个空间却是侗族人精神生活的完整体现。

义团鼓楼正面的泥塑虽然仍是双龙戏珠的形象，但却更为生动，颜色为黄、蓝两色，龙身体上的鳞片精致细腻，使双龙看起来栩栩如生，也更加强壮有力。底部的檐板色彩素雅，整体为白色，同时用蓝色的线条勾勒出海浪的图案，更加凸显双龙的整体形态，仿佛马上就要跃出水面。向上看，一层和二层檐角上塑有各种神兽及人物的泥塑造型，有威震四方的老虎、火眼金睛的齐天大圣等。其中有一处非常灵动的泥塑，是一个斜站在檐角的少年，他手持一种乐器，双眼炯炯有神，犹如一个少年英雄，精神昂扬。第

｜义团鼓楼｜

三层檐角上依然塑有鳌鱼的形象，它的嘴朝内，尾巴向外高高翘起，整体形象如鸱吻一般。鸱吻这种形象在建筑中有镇宅辟邪、趋吉避凶的寓意，用在这里反映了侗族人处处追求生活平安稳定的愿望。再向上的檐角则出现了一种似鱼似鸟的变形，尾翼自然上翘，由于使用了金属材质，所以有一种轻盈灵动的感觉，如鸟儿自由飞

翔一般，配合鼓楼侧面的曲线，形成一种独特的建筑美感，增加了鼓楼向上升腾的气势。檐板上的彩绘题材多样，色彩上也增加了黑、绿两色，看起来颜色更为丰富。

礼团鼓楼，十三重檐八角攒尖顶。它也被看作是大船的船舱，高度比义团鼓楼要矮一些，这主要是和檐的密度有关，虽然礼团鼓楼的层数较多，但檐层较密，远远看过去几乎看不到对面的景色，因此它的高度反而要矮一点。

礼团鼓楼在五座鼓楼中具有特殊的地位，它被看作是鼓楼的根。礼团鼓楼的掌墨师傅是我们前面介绍过的陆文礼师傅，更确切地说是他带领工匠重新修建了这座鼓楼。

礼团鼓楼檐层密厚，形态高大，由四方形向上变形为八角，宝顶上置有五个宝葫芦，造型简洁又极富力量感。礼团鼓楼正面中心依然塑有双龙形象，但更引人注意的是第二层的檐角上的泥塑，这个泥塑是当地流传的爱情故事中的"珠郎和娘美"。他们代表了那些为了追求爱情和幸福，勇于和封建思想作斗争的青年男女。这种泥塑是侗族人拥有"自由的灵魂"的真实反映，也给礼团鼓楼增添了更多的精神价值。

智团鼓楼，九重檐八角歇山顶，这是唯一一座以歇山顶为宝顶的鼓楼。它处于大船的船篷位置，大家可以想象一下船篷的形状，再和歇山顶联想在一起就知道为什么用歇山顶了。船篷在船中的位置较低，并且大多为平顶，做成歇山顶的造型，才更似船篷的形状。

智团鼓楼宝顶的装饰也与其他鼓楼不同，宝顶上的宝葫芦为金黄色的泥塑，顶端不设金属针，葫芦两侧各塑有一轮红日，红日带给人

[礼团鼓楼]

[礼团鼓楼]

[宝葫芦顶]

61

[智团鼓楼]

[歇山宝顶]

鸬鹚是捕鱼的好手，这反映了侗族人希望丰衣足食的愿望。除了这点之外，鸬鹚还寓意着美满幸福的婚姻。智团鼓楼的第三层檐角上塑有一对鸱吻，鸱吻嘴巴朝内，鱼尾卷起，色彩为明亮的黄色。鸱吻在北方的官式建筑中尤为常见，传说它是龙的儿子，生来就是龙头鱼身，喜欢居于危险要害的地方，龙头被看作是近水的象征，因此鸱吻经常被用来作辟邪镇宅的吞脊兽。

们光明与温暖，滋养万物生长。这也是侗族人敬畏自然，信奉天地日月的表现。

智团鼓楼歇山顶屋脊的最外侧塑有一只鸬鹚和一条鱼，侗寨都是临水而居，

智团鼓楼中有一处与其他鼓楼不同的地方。走进其内部，我们会发现在它的瓜柱上有很多空洞，里面都插着一块木块，木块不大不小刚好堵住这些洞口，这在其他鼓楼中是看不到的。据陆文礼师傅所讲，这些洞应该

是工匠在下墨线的时候计算错误，等到安装完成后发现已经没办法拆除了。对于侗族人来说，建筑内的空洞是很不吉利的，一个洞口就象征着一个灾难，所以必须想办法把这些洞口堵住，这些小木块就起到这个作用。从如此细小之处便能看出侗族人对建筑中风水的重视。

最后一个是信团鼓楼，十一重檐八角攒尖顶，在大船的尾端稳固船体，保护大船平稳向前。它是五座鼓楼中最高的一座，同时装饰也最为丰富精美，处处体现了工匠的奇思妙想和精湛工艺。攒尖顶上除宝葫芦之外还塑有五条飞龙，飞龙蜿蜒匍匐，颇有腾云驾雾威震四方的气势，因此这座鼓楼也有"五龙楼"的美名。信团鼓楼檐

| 鸬鹚和鱼 |

| 瓜柱 |

层疏密有致，各檐角都装饰着虎、狮、熊、豹等泥塑猛兽，顶层的正面还有两位持矛舞剑的武将，这些泥塑都起着驱魔保宅的作用。信团鼓楼的正面挂有一副楹联："鼓

[信团鼓楼宝顶]

[信团鼓楼]

乐声声京城震动雄证当今盛世；楼阁巍巍侗寨欢呼讴歌天下太平。"楹联的内容生动地反映了人们对鼓楼油然而生的自豪感以及对当今幸福生活的满足。

肇兴的五座鼓楼二十世纪五六十年代都经历过无情的大火，并且在火灾之后很长一段时间内由于财力、物力等没有达到合适的条件，鼓楼一直呈现的都是烧毁后的模样。直到二十世纪八十年代，重新修建这五座鼓楼的计划才提上议程。我们现在走进鼓楼，仍然能够看到当时留下的被大火熏得乌黑的木柱、木梁。由于修建五座鼓楼是一件极耗木料的大工程，所以很多可以继续使用的木料都被重新利用起来，毁坏严重的木构件则更换新

的木料。新木梁大多用汉字装饰，并带有明显的时代特征，"国泰民安""众志成城"等都是木梁上的装饰文字。

肇兴侗寨除了这五座鼓楼之外，还有风雨桥、戏台和萨坛，这些都是围绕在鼓楼周围的公共建筑。在前面的内容中我们简单了解了风雨桥，这里再以肇兴的这几座风雨桥为例，看一看风雨桥、戏台与萨坛的空间关系，更重要的是了解它们所蕴含的文化内涵。

侗族人大多居住在山谷中，河流环绕。为了交通方便，他们在很多河流上修建

| 熏黑的木梁 |

| 文字装饰 |

| 文字装饰 |

了风雨桥。

风雨桥的建造材料和鼓楼相同，多为杉木，但有一些桥由于桥体跨度较大，就用石料先堆砌桥墩，然后再用杉木建造桥身和上面的建

筑部分。肇兴风雨桥大部分是和鼓楼相连的，但其中一座设置在村寨的入口，作用是界定村寨的地域范围，走过这座风雨桥进入的就是肇兴了。

除了限定范围，风水元素应该是风雨桥存在的更重要的意义。我们常在一些人迹罕至的位置看到一座装饰精美的风雨桥。为何没有人流，却要在这样的位置大费周章呢？这座桥真正的意义就在于我们所说的风水。

一座侗寨建立后，并不是所有的地方都符合侗族人传统的风水观念，这就像装修房子一样，很多人对房间内的风水布局极有讲究。侗寨就像一个大房间，很多位置也需要根据风水观念进行变化。侗族人根据地理的优

|风雨桥|

势和建筑的互补，将风水林、风水树、宅门、凉亭、水井、风雨桥等等安放在需要削弱、回避、借势、扶持的地方，相互弥补，形成和谐的风水之势。这样做的用意便是希望侗寨建立后寨子里的村民生活安康，代代兴旺。

除了入口的风雨桥外，另外几座风雨桥都与鼓楼相互呼应，既是侗寨通往鼓楼的通道，也是村民休息娱乐的场所。

走过风雨桥，穿过鼓楼便会看到一个小广场，这就是鼓楼坪。鼓楼坪主要用来进行娱乐活动和举行重要的仪式。

在侗族，除了鼓楼是让人为之骄傲的文化遗产外，还有一项文化宝藏在世界音乐史上留下了浓重的一笔，那就是侗族大歌。每当遇到重要的节日，侗族人齐聚在鼓楼坪唱起侗族大歌，这是集体合唱，没有伴奏也没有

指挥，完全靠人声形成一种多声部的合唱，这在中外的民间音乐中都极为少见。因此，侗族大歌在2009年被列入联合国教科文组织非物质文化遗产名录。侗族大歌歌词的内容多与爱情有关，这是侗族青年男女表达爱意的一种方式，既含蓄又充满热情。在没有重要节日的时候，鼓楼坪作为日常广场，也经常被用来晾晒谷物。

紧挨着鼓楼的还有另外一种重要的建筑，貌不惊人，却意义重大。这个建筑名为"萨坛"。它还被称为"祖母祠""圣母坛"。

原始的自然崇拜是侗族人创作与审美的来源，他们认为万物生灵都来自于大自然的保护，大自然控制着人的生活。这种原始的自然崇

[贵州凯里下司古镇鼓楼]

拜令他们认为人需要一种虔诚的信仰才能平稳地生存下来，长久不息。他们将这个神秘的庇佑神称为"萨"。

"萨"是母系氏族社会的产物，传说萨生下天和地，并带着他们将世间的一切制造出生命之气，孕育万物生灵，因此"萨"不仅是人类的母亲，更是一花一木、一山一水的母亲。

在贵州的侗寨中，祭萨是最神圣的事情，每个寨子中都有一座神坛，也就是萨坛。

萨坛是一座神秘且神圣的建筑，它代表了侗族人的精神信仰。侗族是一个尊重一切生灵的民族，他们敬畏神灵，认为存在即合理，这是一种无限包容的精神境界。在各民族文化相融合的漫长岁月中，侗族人的这种信仰也开始发生变化，萨坛的数量也慢慢减少。

关于侗族鼓楼的故事和内容有太多太多，我们能在文字中提到的也不过是其中的万分之一，这种木结构建

【肇兴侗寨夜景】

筑若非亲眼所见,怎能领略其中的精髓?非物质文化遗产也是我们这一代需要继续保护下去的宝藏,愿百年、千年之后的人们仍能见到这种传统的民族建筑。

图书在版编目（ＣＩＰ）数据

侗族鼓楼 / 刘芳羽编著 ; 刘托本辑主编. -- 哈尔滨 : 黑龙江少年儿童出版社，2020.2（2021.8重印）
（记住乡愁 : 留给孩子们的中国民俗文化 / 刘魁立主编. 第八辑，传统营造辑）
ISBN 978-7-5319-6527-5

Ⅰ. ①侗… Ⅱ. ①刘… ②刘… Ⅲ. ①侗族－木结构－民族建筑－建筑艺术－中国－青少年读物 Ⅳ. ①TU-092.872

中国版本图书馆CIP数据核字（2019）第294029号

记住乡愁——留给孩子们的中国民俗文化 　　　　　　刘魁立◎主编

第八辑 传统营造辑

侗族鼓楼 DONGZU GULOU 　　　　　　刘 托◎本辑主编

　　　　　　刘芳羽◎编著

出 版 人：商　亮
项目策划：张立新　刘伟波
项目统筹：华　汉
责任编辑：杨钰苏
整体设计：文思天纵
责任印制：李　妍　王　刚
出版发行：黑龙江少年儿童出版社
　　　　　（黑龙江省哈尔滨市南岗区宣庆小区8号楼 150090）
网　　址：www.lsbook.com.cn
经　　销：全国新华书店
印　　装：北京一鑫印务有限责任公司
开　　本：787 mm×1092 mm　1/16
印　　张：5
字　　数：50千
书　　号：ISBN 978-7-5319-6527-5
版　　次：2020年2月第1版
印　　次：2021年8月第2次印刷
定　　价：35.00元